Küchen-kräuter-garten

von
Tassilo Wengel

Seite 2: Rosmarin mit Goldmajoran (vorn)

Trotz gewissenhafter Bearbeitung kann eine Haftung für den Inhalt nicht übernommen werden. Für aktuelle Ergänzungen und Anregungen ist der Verlag jederzeit dankbar. Wir bedanken uns bei allen, die uns unterstützt haben.

Impressum

Gerichtsweg 28, 04103 Leipzig
Tel.: 0341/493574-0, Fax: 0341/493574-40
www.buchverlag-fuer-die-frau.de

Titelfoto: Tanja, Fotolia.com
Fotos: Tassilo Wengel
Gestaltung und Satz: Michael Puschendorf, Halle
Druck: Druckhaus Gera
Bindearbeiten: Müller Buchbinderei GmbH, Leipzig
Printed in Germany

4. Auflage 2021
ISBN 978-3-89798-436-3

Inhalt

Wohlschmeckende Kräuter

Die wohltuende und heilende Wirkung von Kräutern ist seit vielen Jahrhunderten bekannt. Und was wäre eine schmackhafte Suppe, ein Salat oder ein anderes Gericht ohne Küchenkräuter? Sie geben den Speisen eine besondere Note, wirken mit ihren unterschiedlichen Aromastoffen gesundheitsfördernd und tragen außerdem mit ihrem Duft zum Wohlbefinden bei. Im Garten, auf dem Balkon oder der Terrasse sind sie eine wertvolle Bereicherung und liefern vom Frühjahr bis zum Herbst frisches Grün für die Küche. Ob im Kräutergarten, als Einfassung von

Beeten, als Kräuterspirale oder in hübsche Gefäße gepflanzt, können sie frisch gepflückt werden und sorgen außerdem für interessante gestalterische Aspekte.

Die Auswahl ist groß, und zu den altbekannten Arten der Küchenkräuter kommen immer neue Sorten hinzu, die sich in ihren Geschmacksrichtungen und Düften teilweise erheblich unterscheiden. Eine besonders große Sortenvielfalt bieten Basilikum, Minze und Salbei, aber auch beim Thymian gibt es zahlreiche Arten und Sorten, die durch besonderen Duft oder ihr dekoratives Erscheinungsbild auffallen.

Mel
Dost

Küchenkräuter als Zierpflanzen

Einige der beliebten Küchenkräuter sind auch reizvolle Zierpflanzen und lassen sich im Staudenbeet mit anderen Pflanzen gut kombinieren. Bereits in den frühen Bauerngärten fanden die Küchenkräuter ihren Platz zwischen Pfingstrosen, Kaiserkronen oder Stockrosen, und auch heute sind manche Gärten ein Beispiel für die vielseitige Verwendung dieser Gewächse. Wer hübsche Gefäße auf dem Balkon oder der Terrasse bepflanzen will, kann sie ebenfalls mit Gewürzkräutern füllen. Sie sorgen bis zum Herbst für einen attraktiven Blickfang.

Gut eignet sich Borretsch wegen der leuchtend himmelblauen Blüten, die von Juni bis Oktober in unablässiger Folge an den Stängelenden erscheinen. So fügt er sich z. B. zwischen Taglilien, Mädchenauge und Gelenkblumen gut ein. Außerdem ist er als Bienenweidepflanze im Garten sehr wichtig.
Besonders als Wegeinfassung bieten sich die verschiedenen Sorten des Salbeis an. Diese Gewürzpflanze wird meist in geringen Mengen benötigt, kann aber mit den gelben oder lila panaschierten Blättern zwischen anderen Polsterpflanzen sehr schön aussehen. Sehr günstig erweisen sich Mischungen zwischen Salbei und Thymian, eine Variante für

trockene und sonnige Plätze. Pflanzt man Salbei in hübsche Terrakottagefäße, die auf dem Balkon oder der Terrasse aufgestellt werden, lassen sich schöne Effekte erzielen. Als Begleitpflanze bietet sich neben Lavendel auch Oregano an.

Ananasminze
(mit Männertreu) im Tontopf

Mein Küchenkräutergarten

Kräuterbeet

Es gibt viele Möglichkeiten, einen Kräutergarten anzulegen. Wer geordnete Verhältnisse liebt, kann sich die alten Klostergärten zum Vorbild nehmen und sein Kräuterbeet schön geometrisch anlegen.

Einfassungen mit Buchsbaum, aber auch mit Kräutern wie Eberraute oder Heiligenkraut sind als Begrenzung geeignet. Am besten teilt man das Beet in kleine Rechtecke ein, die durch schmale Wege voneinander getrennt werden. Wichtig ist, dass alle Kräuter gut erreichbar sind.

Rosmarin

Wer naturnahe Gestaltungen liebt, kann die Kräuter auch im bunten Mix pflanzen. Alle hochwachsenden Arten kommen nach hinten und die niedrigwüchsigen nach vorn.

Allerdings sollte man einen solch naturnahen Kräutergarten nicht sich selbst überlassen. Man muss ordnend eingreifen, damit die stärkeren Pflanzen sich nicht gegen die schwächeren durchsetzen und sie verdrängen.

Hübsch sind Kräuter auch als Wegbegleitung oder im Gemüsegarten. Selbst im Ziergarten machen Kräuter eine gute Figur, wo sie mit ihren verschiedenen Formen und Farben der Blätter oder ihren attraktiven Blüten punkten.

Kräuterspirale

In kleinen Gärten bietet sich eine sogenannte Kräuterspirale an. Hier kann man auch die Horizontale nutzen und auf engem Raum viele Kräuter unterbringen. Eine kreisrunde Fläche von 2 m Durchmesser wird etwa 20 cm tief ausgehoben und verfestigt. Dann wird der Verlauf mit quaderförmigen Steinen – am besten wirken Natursteine – markiert. Auf diesen stabil ausgerichteten Grundsteinen wird eine Mauer errichtet, die nach innen immer höher wird. Die Zwischenräume der Spirale werden etwa zur Hälfte mit grobem Kies oder Schotter ausgefüllt, darauf kommt die mit gut

Bergbohnen
kraut

verrottetem Kompost angereicherte Pflanzerde. Als Abdeckung empfiehlt sich mit Sand oder Splitt versetzte Pflanzerde.

Kräutergarten in Gefäßen

Auch wer keinen Garten hat, muss nicht auf die Ernte frischer Kräuter verzichten. Die meisten Küchenkräuter eignen sich für die Kultur in Töpfen, Schalen oder anderen Gefäßen, die auf der Fensterbank oder dem Balkon stehen können. Da die meisten Küchenkräuter aus mediterranen Gebieten stammen, benötigen

Salbei

sie viel Sonne und sind vor allem für Südlagen geeignet. Das gilt besonders für Basilikum, Estragon, Majoran, Oregano, Rosmarin, Thymian. Stehen nur Fenster oder Balkon in Ost- oder Westlagen zur Verfügung, empfehlen sich vor allem weniger sonnenbedürftige Kräuter wie Borretsch, Petersilie, Kresse oder Minze. Als Gefäße eignen sich besonders gut Kunststofftöpfe, da sie leicht sind. Sie lassen sich vor allem mit größeren Pflanzen bequem transportieren und die Erde trocknet nicht so schnell aus. Gefäße aus Ton sind schwerer und außerdem in der Regel nicht frostfest. Gut geeignet sind auch Balkonkästen, wo man Kräuter mit Gemüse kombinieren kann.

Wichtig ist, dass die Gefäße ausreichend große Abzugslöcher haben, damit keine Staunässe auftritt. Günstig ist auch, vor dem Einfüllen der Erde Blähton oder eine Schicht zerkleinerter Topfscherben einzubringen, um den Abfluss des Wassers zu begünstigen.

Kräuter als Duftrasen

Manche Kräuter eignen sich als begehbarer „Wegbelag". Nicht gerade für den strapazierten Hauptweg, aber für weniger häufig begangene Wege. Sie sehen nicht nur schön aus, sondern verströmen auch einen angenehmen Duft. Sind sie angewachsen, vertragen sie auch regelmäßiges Schneiden mit dem Rasenmäher. Sehr gut eignen sich für diesen Zweck vor allem Moosthymian *(Thymus praecox)*, Sandthymian *(Thymus serpyllum)*, Zitronenthymian *(Thymus x citriodorus)*, Quendel *(Thymus pulegioides)* oder die Korsische Minze *(Mentha requienii)*.

Zitronenthymian

Pflege der Kräuter

Licht

Sollen sich die Kräuter optimal entfalten, benötigen sie einen hellen Platz. Von wenigen Ausnahmen wie Petersilie, Rauke oder Minze abgesehen, gedeihen sie am besten an einem sonnigen Standort. Vier bis fünf Stunden täglich sollten sie volle Sonne erhalten, damit sich ihre Aromen gut entwickeln. Vor allem mediterrane Kräuter wie Rosmarin, Salbei oder Thymian benötigen außerdem einen warmen Platz, z.B. an einer nach Süden gerichteten Steinmauer, die die gespeicherte Sonnenwärme abgibt.

Boden

Wichtig für das Gedeihen der Kräuter ist ein lockerer, tiefgründiger und humoser Boden. Günstig ist sandiger Lehm, mit Humus angereichert. Schwere lehmige Böden müssen mit Sand oder Kompost verbessert und durchlässiger gemacht werden, denn Staunässe vertragen die Kräuter nicht.

Düngen

Der Bedarf an Dünger ist von der Art der Kräuter abhängig. „Hungerkünstler" wie Thymian, Rosmarin, Lavendel oder Salbei benötigen kaum Dünger; ihr Aroma leidet unter zu hohen Düngergaben. Die meisten Kräuter entwickeln ihr Aroma am besten bei geringen Düngergaben. Im Frühjahr ist eine Gabe Mineraldünger oder organischer Langzeitdünger zu empfehlen, wobei die Hälfte der auf der Packung angegebenen Menge ausreicht.

Pflanzenschutz

Beste Voraussetzung für gesunde Kräuter ist nicht nur der optimale Standort, sondern auch eine überlegte Auswahl der Pflanzen, denn viele Kräuter beeinflussen sich mit ihren ätherischen Ölen gegenseitig. Gut passen zum Beispiel Anis und Koriander oder Rosmarin und Fenchel mit Salbei zusammen, nicht sehr günstig sind Kombinationen von Petersilie und Estragon, Basilikum und Weinraute oder Fenchel und Kümmel. Regelmäßiges Sprühen oder Gießen der Kräuter mit Pflanzenbrühen aus Rainfarn, Wermut oder Knoblauch verstärkt die Wirkung.

Fördert man nützliche Insekten im Garten, werden auch Schädlinge weniger Probleme bereiten. Häufig auftretende Weiße Fliegen lassen sich wirkungsvoll durch Gelbtafeln abhalten. Gegen die gefräßigen Nacktschnecken hilft aber nur ein Schneckenzaun, der im Handel oder Gartenfachmarkt aus verschiedenen Materialien erhältlich ist.

Schutz im Winter

Während heimische zwei- und mehrjährige Küchenkräuter bei Minusgraden keinen Schaden nehmen, leiden Südländer unter Frösten. Currystrauch, Oregano, Salbei oder Lavendel müssen vor strengen Frösten geschützt werden. Dafür sollte man etwas Laub um die Pflanze schütten und einige Reisigzweige in die Erde stecken. Keine Fröste vertragen zum Beispiel Rosmarin, ausdauerndes Basilikum und einige Arten des Fruchtsalbeis. Sie müssen im Winter hell im Haus bei Temperaturen um 10 °C kultiviert werden.

Vermehren und Ernten

Vermehrung

Um mit der Mutterpflanze genetisch identische Nachkommen zu erzielen, bieten sich mehrere Methoden der vegetativen Vermehrung an. Am einfachsten ist das Teilen des Wurzelstockes im zeitigen Frühjahr oder im Herbst, vor allem geeignet bei Schnittlauch oder Melisse. Manche Kräuter bilden Ausläufer unter der Erde, die man im Frühjahr oder Herbst abtrennen und einpflanzen kann.

Zahlreiche Kräuter lassen sich im Frühjahr oder Sommer durch Kopfstecklinge vermehren. Man schneidet einige Triebspitzen ab und steckt sie in eine Mischung aus Sand-Torfmull. In einen Topf gesteckt und mit einer Plastikhaube oder einem Glas abgedeckt, bewurzeln sie sich innerhalb kurzer Zeit. Sobald die Stecklinge austreiben, kann man sie in einen größeren Topf pflanzen.

Ernten

Wichtig ist der richtige Zeitpunkt der Ernte, damit die Kräuter ihr volles Aroma entfaltet haben. Da bei den meisten Kräutern die Blätter verwendet werden, ist vor dem Blühbeginn zu ernten. Während oder nach der Blüte geerntete Blätter sind meist derber, leicht bitter oder haben nicht mehr das echte Aroma. Ideal ist die Ernte an einem regenfreien Vormittag, wenn die Pflanzen vom Tau getrocknet sind. Man erntet nur gesunde Pflanzenteile und schneidet je nach Art die Triebspitzen oder ganze Triebe ab. Bei verholzenden Arten verwendet man die nicht verholzten Triebspitzen, bei Pfefferminze oder Zitronenmelisse schneidet man die ganzen Triebe am Boden ab. Dadurch wird der Neuaustrieb angeregt.

Konservieren

Trocknen oder Einfrieren

Für viele Küchenkräuter ist das Trocknen eine übliche Methode zum Konservieren. Dazu bündelt man einige Zweige und hängt sie an einem schattigen, luftigen Ort auf. Auch auf Gitterrosten oder mit Gaze bespannten Holzrahmen lassen sie sich gut trocknen. Auf keinen Fall dürfen sie in praller Sonne oder bei großer Hitze getrocknet werden.
Saftreiche Kräuter wie Borretsch oder Kresse sind zum Trocknen weniger geeignet. Sie lassen sich besser einfrieren. Das ist auch für andere Kräuter eine Möglichkeit der Kon-

servierung. Die Kräuter werden fein gehackt, in Eiswürfelbehälter gefüllt, mit Wasser aufgegossen und eingefroren.

Kräutersalz

Für aromatisches Kräutersalz 200 g Salz mit 20 bis 30 g getrockneten Kräutern mischen und danach die Mischung fein mahlen.

Kräuteröl

Vier bis fünf Zweige eines Küchenkrautes waschen und trockentupfen. Dann in 0,75 l feines Öl geben. Vor Verwendung drei bis vier Wochen kühl und dunkel stellen.

Kräuteressig

Zweige oder Samen von Kräutern in Weißweinessig oder Apfelessig geben und vier Wochen kühl und dunkel stehen lassen. Gut geeignet für Kräuteressig sind u.a. Borretsch, Bohnenkraut, Dillsamen, Estragon, Minze, Rosmarin, Salbei, Thymian.

Küchenkräuter von A bis Z

BÄRLAUCH

(Allium ursinum)

Seit einigen Jahren verzeichnet der Bärlauch einen regelrechten Boom. Vielen Produkten von Käse bis Pesto verleiht er eine besondere Note, und neben Spitzenrestaurants bieten inzwischen auch Landgasthöfe Gerichte mit Bärlauch an.

Beschreibung: Bärlauch besiedelt Auwälder und schattige feuchte Laubwälder. Der Austrieb der Blätter aus den Zwiebeln beginnt Anfang April. Sie werden 20 bis 30 cm lang

und sind breitlanzettlich. Auf einem dreikantigen, blattlosen Stängel entfaltet sich der kugelförmige Blütenstand, mit sternförmigen, schneeweißen Blüten. Die Pflanze verbreitet einen intensiven Knoblauchgeruch.

Kultur: Humusreicher, mäßig feuchter Boden und halbschattiger Standort unter Laubgehölzen sind ideale Bedingungen für den Bärlauch. Die Pflanzen setzt man im Frühjahr an Ort und Stelle im Abstand von 10 cm einzeln oder in Gruppen von drei bis fünf Pflanzen. Zwiebeln steckt man im Herbst 10 cm tief.

Blütezeit: Mai bis Juni

Erntezeit: April bis Juli

Verwendung: Blätter fein hacken

und mit Butter, Frischkäse oder Quark als Brotaufstrich mischen. Auch für Suppen oder Gerichte mit Kartoffeln, Nudeln, Reis, Fleisch oder Fisch geeignet.

Tipp: Wer Bärlauch in der Natur sammelt, sollte sich unbedingt die Merkmale der Blätter einprägen, um Verwechslungen mit Maiglöckchen oder Herbstzeitlosen auszuschließen! Während die Blätter des Bärlauchs 5 bis 20 mm lange Stängel haben und einander nicht umgreifen, wachsen die Blätter bei den anderen beiden Arten direkt aus dem Boden und umgreifen sich.

BASILIKUM

(Ocimum basilicum)

Das Basilikum ist in der südländischen Küche schon lange unentbehrlich für Gerichte mit Tomaten, Nudeln oder Käse. Seit einiger Zeit hat das Kraut auch hierzulande die Küchen erobert. Es gibt viele neue Sorten, die sich im Aroma und im Aussehen unterscheiden.

Beschreibung: Supermärkte bieten vorwiegend das großblättrige Genoveser Basilikum in Töpfen an. Es gibt aber auch kleinblättriges Basilikum mit intensiverem Aroma sowie Sorten mit roten, grünen oder panaschierten Blättern. Die kleinen Blü-

ten sind in Ähren vereinigt und je nach Sorte weiß, rosa oder rot.

Kultur: Basilikum ist nicht winterhart und wird einjährig gezogen. Man sät ab Ende März in Töpfe oder Schalen. Sobald sich zwei Laubblätter entwickelt haben, pflanzt man in kleine Töpfe. Sind keine Nachtfröste mehr zu erwarten, pflanzt man es im Abstand von 25-30 cm in den Garten. Nährstoffreicher, feuchter Boden ist wichtig. Man kann Basilikum auch in Balkonkästen pflanzen und mit anderen Küchenkräutern kombinieren.

Blütezeit: Juli bis September

Erntezeit: April bis Oktober

Verwendung: Am besten frisch zu Tomaten, Mozzarella, Kräuterbutter, Pasta, Saucen, Suppen, Fleisch-, Fisch- und Nudelgerichten. Um das Aroma zu erhalten, möglichst nicht oder wenig kochen.

Tipp: Vom Basilikum gibt es mittlerweile eine Vielzahl von Sorten mit unterschiedlichen Würznoten und Eigenschaften. Die Sorte ‚Magic Blue' (Foto S. 43) wächst wie ein kleiner Strauch, ist mehrjährig, aber nicht winterhart und muss im Winter frostfrei stehen. Sie kann als Hochstamm oder kleiner Busch gezogen werden, sehr dekorativ sind auch die Blütenstände.

Weitere Sorten von *Ocimum basilicum* sind zum Beispiel:

- ‚Crispum', sehr zarte Blätter, besonders ertragreich

- ‚Fino Verde', Blätter spitzoval, glatt, wird vor allem für Pesto verwendet
- ‚Rotes Krauses', Blätter dunkelrot, gekraust, Blüten dunkelrosa
- ‚Siam Queen', Blätter scharf aromatisch

BEIFUSS

(Artemisia vulgaris)

Auch als Gänsekraut oder Wilder Wermut bezeichnet, ist der Beifuß ein altes Heilkraut.

Beschreibung: Beifuß besiedelt Wegränder und Geröllhalden in Europa und Asien. Mehrjährige, win-

terharte Staude mit dicht buschigem Wuchs, bis 2 m hoch, Blätter gefiedert, Unterseite weißlich grau, Blüten gelblich bis rötlich in Rispen.

Kultur: Sonniger Standort, durchlässiger Boden, im Frühjahr Rückschnitt. Anzucht durch Aussaat oder Teilung.

Blütezeit: Juli bis September

Erntezeit: Mai bis Juli

Verwendung: Triebspitzen und Zweige frisch oder getrocknet mit noch geschlossenen Blüten, für fette Speisen und Gänsebraten.

Tipp: Allergische Reaktionen sind möglich, besonders in der Schwangerschaft sollte man Beifuß nicht verwenden.

BOHNENKRAUT

(Saturea hortensis)

Benediktinermönche brachten das Bohnenkraut im 9. Jh. aus dem Mittelmeerraum nach Mitteleuropa und kultivierten es in ihren Klostergärten.

Beschreibung: Die Art stammt aus dem Mittelmeergebiet und ist einjährig, wächst buschig und wird bis 40 cm hoch. Die Blätter sind schmallanzettlich, die Blüten sind weiß bis lila, in Scheinähren angeordnet.

Kultur: Aussaat nach Spätfrösten im Mai auf sonnigem Standort und leichten, durchlässigen Böden.

Blütezeit: Juli bis September
Erntezeit: Juni bis September
Verwendung: Geerntet werden frische Blättchen oder ganze Triebe, beste Würzkraft zur Blüte. Würzkraft bleibt beim Trocknen weitestgehend erhalten. Für Eintöpfe, Hülsenfrüchte, zu Lamm- und Kartoffelgerichten. Aromatisierung von Essig und Öl durch frische Triebe.
Tipp: Daneben gibt es noch Winterbohnenkraut *(Satureja montana ssp. montana)*, ein winterharter Halbstrauch mit kräftigem Aroma. Eignet sich gut für Einfassungen im Gemüsegarten. Auch das Berg-Bohnenkraut *(Satureja montana)* ist winterhart. Davon gibt es eine Varietät mit Zitronenaroma.

Das Hängebohnenkraut *(Satureja douglasii)* duftet nach Minze (angeboten wird vor allem die Sorte 'Indian Mint') und kann als Begleitpflanze in Gefäßen oder als Bodendecker verwendet werden. Ein hübscher Bodendecker ist das Kriechende Bohnenkraut *(S. spicigera)*.

BORRETSCH

(Borago officinalis)

Borretsch stärkt laut einem alten Kräuterbuch das Herz und erquickt die Lebensgeister. Wird auch als Gurkenkraut bezeichnet, da die Blätter beim Zerreiben den Duft nach Gurke verströmen.

Beschreibung: Borretsch stammt aus dem westlichen Mittelmeergebiet und ist bei uns gelegentlich verwildert. Die Pflanze wird 60 bis 80 cm hoch, hat verzweigte Stängel und behaarte Blätter. Blüten sind sternförmig, himmelblau, bilden sich am Ende der Stängel und erscheinen von Sommer bis Herbst.

Kultur: Aussaat ab April im Abstand von 25 bis 40 cm auf durchlässigen, feuchten Böden in sonniger bis halbschattiger Lage.

Blütezeit: Mai bis Oktober

Erntezeit: Juni bis Frost

Verwendung: Geerntet werden junge Blätter und Triebspitzen ab Juni, später die Blüten. Vor allem als Salatgewürz z. B. für Gurken-, Tomaten-

und Kartoffelsalat, auch für kalte Fleischgerichte, Grillgerichte und Fleischragouts geeignet. Schmeckt fein gehackt auf Butterbrot mit Frischkäse oder Rahm und passt zu Rahm- und Kräutersoßen. Junge Blätter eignen sich als Salat.

Tipp: Die Blüten lassen sich hervorragend kandieren und zum Dekorieren der Speisen verwenden. Einzeln in Eiswürfel eingefroren, sind sie hübsch anzusehen und kühlen sommerliche Getränke.

CURRYKRAUT

(Helichrysum italicum ssp. serotinum)

Das Currykraut (im Foto vorn) ist eine beliebte Würzpflanze, die sich sehr gut für die Kultur in Gefäßen auf Balkon und Terrasse eignet und später gelbe Blüten ausbildet.

Beschreibung: Heimat ist Südosteuropa, wo die Art an trockenen und heißen Standorten wächst. Die Pflanze ist winterhart und hat schmale, filzig behaarte Blätter an aufstrebenden Zweigen. Zur Blütezeit erreicht sie bis 60 cm Höhe. Die leuchtend gelben Blüten stehen in kleinen Köpfchen zusammen.

Kultur: Gartencenter bieten Pflanzen in Töpfen an. Anpflanzen an sonnigem Standort mit durchlässigem, kalkhaltigem Lehm- oder Schotterboden.

Blütezeit: Juni bis September

Erntezeit: ganzjährig

Verwendung: Die zarten jungen Blätter für Saucen, Reisspeisen und Fleischgerichte. Wegen des intensiven Aromas sparsam einsetzen.

Tipp: Pflanze lässt sich sehr gut für kleine Hecken und Formschnitt verwenden.

DILL

(Anethum graveolens)

Das filigrane Erscheinungsbild, das unverwechselbare Aroma und die vielseitige Verwendung sind Gründe, warum der Dill eine der beliebtesten Arten im Kräutergarten ist.

Beschreibung: Kulturpflanze, die ursprünglich aus dem Orient stammt. Einjährige Pflanze mit feinen zarten Blättern, goldgelbe Blütendolden bis 1 m Höhe.

Kultur: Aussaat ab April breitwürfig oder in Reihen auf trockenem, durchlässigem Boden an einem sonnigen Standort. Folgesaaten bis August möglich.

Blütezeit: Juni bis August
Erntezeit: Mai bis November
Verwendung: Für Gurken- und Blattsalate, Soßen und Dressings, auch für Kräuterquark und zu Fisch sind die jungen Blätter gut geeignet. Die ganze Pflanze, ohne Wurzel in Stücke zerschnitten, wird zum Einlegen von Gurken verwendet.
Tipp: Da Dill sein Aroma schnell verliert, sollte man ihn entweder frisch verwenden oder einfrieren. In Essig eingelegt, erhält man einen aromatischen Kräuteressig (s. S. 37).

ESTRAGON

(Artemisia dracunculus)

Er kam durch die Seefahrer aus Asien nach Europa und wird auch als Bertram, Dragon oder Schlangenkraut bezeichnet.

Beschreibung: Mehrjährige Pflanze, wächst breitbuschig mit schmalen, lanzettlichen Blättern, wird bis 150 cm hoch. Die Blüten sind unscheinbar grün-gelb.
Kultur: Sonniger bis halbschattiger Standort und humusreicher, nicht zu trockener Boden. Vermehrung durch Aussaat oder Teilung.
Blütezeit: Juli bis September
Erntezeit: April bis Oktober

Verwendung: Vom Frühling bis zum Herbst kann man die Blätter nach Bedarf ernten und frisch oder getrocknet verwenden. Für Suppen, Saucen oder zu Fisch, auch zum Einlegen von Gurken und in Essig oder Öl geeignet.

Tipp: Vom Estragon sind zwei Kulturformen bekannt. Feinwürzig, aber anspruchsvoll in der Kultur ist der Französische Estragon. Dagegen hat der Russische Estragon wenig Würzkraft, ist aber anspruchsloser.

FENCHEL

(Foeniculum vulgare)

Die Verwendung des Fenchels reicht bis in die Antike zurück, auch in den Klostergärten des Mittelalters wurde Fenchel angepflanzt.

Beschreibung: Blattrosette mit straff aufrecht wachsendem Stängel von 80 bis 200 cm Höhe und sehr fein gefiederten Blättern, Blüte gelb, in doppelten Dolden angeordnet.
Kultur: Sonniger Standort und nährstoffreiche Böden, Aussaat im Frühjahr in Reihen mit einem Abstand von 25 cm, im nächsten Frühjahr im Abstand von 40 × 60 cm verpflanzen.

Blütezeit: Juli bis September

Erntezeit: Blätter laufend, Früchte im Spätsommer

Verwendung: Frische Blätter eignen sich zum Würzen von Fisch, Salaten und Saucen, die Samen (auch „Früchte" genannt) dienen als Würze von Backwaren und zur Zubereitung von Tee.

Tipp: Tee aus Früchten lindert Blähungen und wirkt krampflösend, wird deshalb vor allem gegen Bauchweh bei Kindern verwendet. Außerdem hilft Fencheltee mit Honig bei Husten und Heiserkeit.

KNOBLAUCH

(Allium sativum)

Seit 5000 Jahren kultiviert, schätzten ihn bereits die Ägypter, Phönizier, Römer und Griechen. Auch die alten Germanen verwendeten den Knoblauch als Gewürz und Heilmittel.

Beschreibung: Aufrecht wachsende Pflanze, bis 80 cm hoch, linealische Blätter, meist hängend, graugrün.
Kultur: Brutzwiebeln oder Nebenzwiebeln (Zehen) im März oder August an sonnigem Standort und in nährstoffreichem Gartenboden 5 cm tief im Abstand von 15 cm stecken.
Blütezeit: Juli bis August
Erntezeit: Mai bis Oktober

Verwendung: Zehen werden frisch oder getrocknet als Gewürz für Fleisch, Suppen und Salate, aber auch als Gemüse verwendet.

Tipp: Wer den kräftigen Geruch des Knoblauchs nicht mag, findet im Zimmerknoblauch *(Tulbaghia violacea)* einen Ersatz. Verwendet werden die aromatischen Blätter, die sich für Salate, Kräuterquark und Tsatsiki eignen, sie schmecken auch zu Tomaten, Auberginen und Oliven.

KORIANDER

(Coriandrum sativum)

Diese Pflanze wird sehr unterschiedlich bewertet, manche mögen sie, andere finden den Geruch abscheulich. Als „Stinkkraut" bezeichnete man den Koriander im Mittelalter, die Chinesen nennen ihn „duftende Pflanze".

Beschreibung: Aufrecht wachsende, verzweigte Pflanze von 50 bis 70 cm Höhe, untere Blätter dreilappig, obere Blätter fein gefiedert. Blüten in Dolden, weiß bis zartrosa, Früchte rundlich, gerippt.

Kultur: Sonniger und warmer Standort sowie durchlässiger Gartenboden, Aussaat Ende April breitwürfig oder in Reihen.

Blütezeit: Juni bis August

Erntezeit: April bis August

Verwendung: Blätter erntet man im Frühsommer und verwendet sie frisch als Beigabe zu Salaten, die Früchte dienen als Gewürz beim Marinieren von Gurken, Kürbis oder Roter Bete. Wird auch zum Würzen von Saucen und als Lebkuchengewürz verwendet.

Tipp: Koriander verwendet man auch für verschiedene Gewürzmischungen in Asien, so enthält Currypulver unter anderem auch gemahlene Korianderkörner.

KÜMMEL

(Carum carvi)

Altbekanntes Gewürz, das schon in der Antike verwendet wurde und auch in Europa eine lange Tradition hat.

Beschreibung: Wächst auf Wiesen und Weiden in Europa, Nordafrika und Nordamerika. Zweijährige Pflanze, bildet im ersten Jahr eine Blattrosette und im zweiten Jahr etwa 1 m hohe Stängel mit 2- bis 3-fach gefiederten Blättern, Blüten weiß bis zartrosa in Dolden.

Kultur: Aussaat im April an sonnigem Standort und auf tiefgründigem Gartenboden.

Blütezeit: Mai bis Juli
Erntezeit: Juni bis Oktober
Verwendung: Im 1. Jahr junge Blätter, im 2. Jahr Blüten und Samen ernten. Blätter und Blüten werden für Salate und Suppen, Samen für Kohlgerichte, Bratkartoffeln und Fleischgerichte verwendet.
Tipp: Kümmeltee verwendet man heute vor allem bei Beschwerden im Magen-Darm-Bereich, bei Blähungen und bei Krämpfen.

LAVENDEL

(Lavandula angustifolia)

Schon die Römer schätzten den Echten Lavendel und setzten ihn dem Badewasser zu. Daher kommt auch der Name, der sich von „lavare" (waschen) ableitet.

Beschreibung: Dicht bis locker wachsender Halbstrauch von 50 bis 100 cm Höhe, der an trockenen, steinigen Hängen im Mittelmeerraum und auf den Kanarischen Inseln wächst. Blätter silbrig-grau, linealisch, fein behaart. Blüten blau bis violett in langgestielten Ähren, meist intensiv duftend.

Kultur: Sonniger, warmer Standort

und durchlässiger Boden. Nach der Blüte für buschigen Wuchs leicht stutzen, Winterschutz mit Reisig.
Blütezeit: Juli bis September
Erntezeit: Mai bis September
Verwendung: Geringe Mengen von Blättern oder Triebspitzen für Eintopf, Fisch oder Geflügel, Blüten für Süßspeisen und Lavendelzucker.
Tipp: Es gibt zahlreiche weitere Arten und Sorten. Der Schopflavendel *(L. stoechas ssp. stoechas)* duftet nach Zimt und Kampfer und ist als Topfpflanze hübsch, der Silberblattlavendel *(L. lanata)* eignet sich als Kübelpflanze.

LIEBSTÖCKEL

(Levisticum officinale)

Auch Maggikraut oder Sellerie-strauch genannt, ist Liebstöckel eine alte Heilpflanze, die bereits in den Klostergärten des Mittelalters kultiviert wurde.

Beschreibung: Ausdauernde Staude mit buschigem Wuchs, bis 2 m hoch, Blätter tief geteilt und gezähnt, Blüten grün-gelb in Dolden.
Kultur: Auf sonnigem bis halbschattigen Standort und nährstoffreichem Boden. Kompostgabe im Herbst.
Blütezeit: Juli bis August
Erntezeit: März bis Mai und September

Verwendung: Frische, junge Blätter vor der Blüte für Salat, Suppen oder Eintopf.

Tipp: Während der Schwangerschaft und bei Nierenleiden muss auf die Verwendung von Liebstöckel verzichtet werden!

MAJORAN

(Origanum majorana)

Stammt aus dem südöstlichen Mittelmeergebiet und soll erst im 16. Jh. in die Gebiete nördlich der Alpen gebracht worden sein.

Beschreibung: Pflanze ist einjährig, wächst buschig bis 50 cm hoch,

hat kleine eiförmige Blättchen. Blüten weiß, lila oder rosa an den Stängelspitzen in köpfchenartigen Ähren.
Kultur: Aussaat ab Mai an sonnigem Standort mit leichtem und durchlässigem Boden.
Blütezeit: Juni bis September
Erntezeit: Mai bis Oktober
Verwendung: Für Eintöpfe, Fleisch- oder Kartoffelgerichte sowie für Aufläufe frisch oder getrocknet.
Tipp: Der Französische Majoran *(Origanum onites)* hat ein sehr aromatisches, thymianähnliches Aroma und eignet sich für Pizza. Der Goldmajoran *(Origanum vulgare ‚Aureum')* ist mit seinen hellgelben Blättern und dem niedrigen Wuchs ein guter Bodendecker.

MEERRETTICH

(Armoracia rusticana)

Bereits in der Antike als Gewürz- und Heilpflanze bekannt. In Mitteleuropa wurde die Pflanze zuerst in den Klostergärten des Mittelalters angepflanzt.

Beschreibung: Heimat ist Südosteuropa. Winterharte Staude mit stangenförmiger Wurzel, Rosette aus derben Blättern, bis 1 m hoch, weiße Blüten im zweiten Jahr.
Kultur: Wurzelableger im März pflanzen, sonniger bis halbschattiger Standort und nährstoffreicher Boden.
Blütezeit: Juni bis Juli

Erntezeit: bei frostfreiem Wetter ganzjährig
Verwendung: Wurzeln schälen, reiben oder in Scheiben schneiden, roh oder eingekocht für Fleisch, Fisch, Eier verwenden, auch mit Quark.
Tipp: Kübelkultur schränkt die Ausbreitung der Pflanze ein.

MINZE

(Mentha x piperita)

Die aromatische Minze wird seit Jahrtausenden in der Küche und Medizin verwendet. Bereits 1200 v. Chr. baute man Minze in Ägypten an. Von hier gelangte sie in die Klostergärten nördlich der Alpen. Die

echte Pfefferminze ist ein Bastard, der 1696 erstmals auf einem Feld in England auftauchte und seitdem kultiviert wird.

Beschreibung: Heimat sind das Mittelmeergebiet und Vorderasien. Die ausdauernde Staude mit vierkantigem Stängel und gegenständig angeordneten, länglich-elliptischen Blättern, 30 bis 80 cm hoch, bildet Ausläufer. Blüten rosarot, in ährigen Blütenständen.

Kultur: Sonnige bis halbschattige Standorte und sandig-humusreiche, feuchte Böden. Standort nach 2 bis 3 Jahren wechseln, Gefäßkultur möglich.

Blütezeit: Juli bis August

Erntezeit: ganzjährig

Verwendung: Junge Blätter oder Triebe für Suppen, Eintöpfe und Salate; Minzsaucen für Lammfleisch.

Tipp: Der Handel bietet eine Fülle von Arten und Sorten mit und ohne Menthol sowie in unterschiedlichen Duftnoten an. Manche Formen werden unter verschiedenen Namen angeboten. Beim Kauf sollte man sich deshalb besser von Duft und Aussehen inspirieren lassen.

OREGANO

(Origanum vulgare)

Auch als Dost oder Wilder Majoran bezeichnet, gilt der Oregano als wichtigstes Kraut in der Küche rund ums Mittelmeer.

Beschreibung: Staude von dicht buschigem Wuchs, mit eiförmigen Blättchen, bis 50 cm hoch, Blüten rosa oder weiß in Trugdolden. Wächst in trockenen, warmen Lagen in Südeuropa und Nordafrika.
Kultur: An sonnigem Standort mit durchlässigem Boden pflanzen, im Frühjahr Rückschnitt sinnvoll, Winterschutz empfehlenswert.
Blütezeit: Juli bis September

Erntezeit: Mai bis Oktober
Verwendung: Frische Blätter oder Triebspitzen für Tomaten, Käse, Pizza oder Nudelgerichte.
Tipp: Gute Bienenweidepflanze. Es gibt auch eine niedrige Sorte ‚Compactum'.
Sehr dekorativ ist der Kreta-Oregano *(Origanum dictamnus)*, auch als Kreta-Majoran bezeichnet. Die Blätter sind silbrig behaart und die rosafarbenen Blüten mit grünen bis violetten Tragblättern sind in hängenden Ähren vereint.

PETERSILIE

(Petroselinum crispum)

Altbekannte Kulturpflanze, die in der Antike vor allem als Arznei- und Gewürzpflanze galt. Seit dem 16. Jh. findet sie als Küchenkraut Verwendung.

Beschreibung: Heimat ist das Mittelmeergebiet. Zweijährige Pflanze mit Pfahlwurzel, buschiger Wuchs, dunkelgrüne Blätter. Blüten im zweiten Jahr, grünlich-gelb in Dolden angeordnet.

Kultur: Aussaat in Reihen ab März an halbschattigem Standort mit humosem, nicht zu trockenem Boden. Selbstunverträglich, daher im nächsten Jahr anderen Standort für die Aussaat wählen.

Blütezeit: Juni bis Juli

Erntezeit: März bis Oktober

Verwendung: Die Blätter frisch für Suppen, Saucen, Quark, Fleisch und Fisch sowie Gemüsegerichte.

Tipp: Es gibt mehrere Sorten mit unterschiedlichen Blättern. ‚Mooskrause' hat krausartige Blätter und ist mild, intensiver im Geschmack ist ‚Gigante d'Italia', eine glattblättrige Sorte.

RAUKE

(Eruca sativa)

Auch als Rucola oder Salatrauke bezeichnet, erfreut sich dieses Kraut in den letzten Jahren immer größerer Beliebtheit.

Beschreibung: Heimat ist Mittel- und Südeuropa. Zweijährige Pflanze mit buschigem Wuchs, bis 20 cm hoch, bildet rundliche Rosetten mit gebuchteten Blättern. Blüten weißlich oder gelb.

Kultur: Aussaat von April bis September an sonnigem bis halbschattigem Standort und humosen Boden, sät sich auch selbst aus; Pflege auch in anderen Pflanzgefäßen möglich.

Blütezeit: Mai bis September
Erntezeit: Mai bis Oktober
Verwendung: Junge Blätter für Salate, Saucen, Quark und andere Speisen, für Pizza oder Pasta (nur leicht erhitzen, verlieren sonst ihre Schärfe).
Tipp: Die Blätter der Wilden Rauke *(Eruca vesicaria)* sind schärfer.

ROSMARIN

(Rosmarinus officinalis)

In den Klostergärten des Mittelalters wurde Rosmarin vor allem als Arzneipflanze angebaut und ist bereits in der Landgüterordnung Karl des Großen erwähnt.

Beschreibung: Halbstrauch an trockenen Hängen im Mittelmeerraum, wächst dichtbuschig, bis 2 m hoch, hat ledrige, nadelartige Blätter und blaue Blüten in Scheinquirlen.
Kultur: Sonniger Standort und trockener, durchlässiger Boden, günstig ist Kultur im Kübel, regelmäßiger Rückschnitt, frostfrei im Winter.
Blütezeit: März bis Juni
Erntezeit: ganzjährig
Verwendung: Dank intensiver Würzkraft geeignet für Geflügel, Fisch, Schweinebraten, Saucen, Käse und Fleisch zum Grillen.
Tipp: Es gibt Sorten mit zartrosa Blüten und hängende Formen wie ‚Capri' oder ‚Haiffa'.

SALBEI

(Salvia officinalis)

Der Echte Salbei wird auch als Gewürzsalbei oder Gartensalbei bezeichnet. Als Gewürzpflanze für die Küche wird er schon seit dem Altertum verwendet und fehlte auch nicht in den mittelalterlichen Klostergärten.

Beschreibung: Halbstrauch aus dem Mittelmeergebiet mit breitbuschigem Wuchs und filzig behaarten, länglichen oder eiförmigen Blättern, meist graugrün, auch mehrfarbig; bis 50 cm hoch, im Alter winterhart, dennoch ist Winterschutz mit Laub sinnvoll. Blüten blau oder violett.

Kultur: Sonnige Standorte und gut durchlässige, trockene Böden. Im Frühjahr Rückschnitt nötig.
Blütezeit: Juni bis August
Erntezeit: April bis Oktober
Verwendung: Junge Blätter und Triebspitzen vor der Blüte ernten und frisch oder getrocknet für Suppen, Geflügel, Lamm- und Schweinebraten oder Fisch verwenden.
Tipp: Neben dem Echten Salbei gibt es viele Arten und Sorten mit unterschiedlichem Habitus sowie verschiedenen Duftnoten, so auch eine reiche Palette von Fruchtsalbei (siehe Foto rechts) mit roten, rosafarbenen und violetten Blüten sowie Düften nach Früchten wie Ananas, Pfirsich, Orangen, Mandarinen und mehr.

SCHNITT-KNOBLAUCH

(Allium tuberosum)

Er wächst in Ostasien wild auf Wiesen. Das Kraut wird vor allem in der chinesischen Küche verwendet.

Beschreibung: Wuchs wie Schnittlauch, aber 40 cm hoch, Blätter flach, Blüten sternförmig, weiß mit zartem Duft, in Dolden.
Kultur: Aussaat im Frühjahr oder Teilen von Wurzelstöcken nach Austrieb im Frühjahr oder im Spätsommer. Benötigt sonnigen Standort und lockeren, humosen Boden.
Blütezeit: Juni bis Juli
Erntezeit: März bis November

Verwendung: Blätter nach Bedarf schneiden und Blüten abzupfen und als Garnierung verwenden. Frische Blätter eignen sich für Salate, Suppen und Kräuterquark.

SCHNITTLAUCH

(Allium schoenoprasum)

Seit dem Mittelalter in Kultur, galt Schnittlauch als Mittel gegen Hexerei und wurde häufig auch in Klostergärten angepflanzt.

Beschreibung: Die Pflanze besiedelt in Europa Feuchtwiesen, bildet Horste aus röhrenförmigen Blättern, 20 bis 30 cm hoch, Blüten rötlich-

lila, in halbkugelförmigen Köpfchen angeordnet.

Kultur: Aussaat ab März, auch Teilen im Frühjahr oder Herbst, sonniger bis halbschattiger Standort und nährstoffreicher Boden.

Blütezeit: Juni bis August

Erntezeit: ganzjährig

Verwendung: Frisch geerntet für Suppen, Saucen, Salate, Quark, Ei oder Kräuterbutter, Blüten zum Würzen und Garnieren geeignet.

Tipp: Zum Trocknen ist Schnittlauch nicht geeignet, Einfrieren ist möglich, aber mit Würzkraftverlust. Hübsch als Wegeinfassung.

THYMIAN

(Thymus vulgaris)

Bereits im alten Ägypten verwendet, kannten auch die Römer und Griechen den Thymian als Heilpflanze. Der Echte oder Gartenthymian ist besonders reich an Aroma.

Beschreibung: Immergrüner Halbstrauch, wächst auf trockenen Hängen und Matten in Südeuropa, teppichbildend, bis 20 cm hoch, Blätter klein elliptisch oder eiförmig, Lippenblüten weiß oder lila, in Ähren.
Kultur: An sonnigem Standort mit gut durchlässigem Boden.
Blütezeit: Juni bis Oktober
Erntezeit: Mai bis September

Verwendung: Für Fleisch- und Gemüsegerichte, Salate, Süßspeisen.
Tipp: Neben dem Echten Thymian gibt es zahlreiche Arten mit unterschiedlichen Blattfarben und Aromen, sehr gut für Tröge, Steingärten und Pflasterfugen geeignet. Beliebt ist der Zitronenthymian *(Thymus x citriodorus)* mit Zitronenduft.

Zitronenthymian

WEINRAUTE

(Ruta graveolens)

Im Altertum und im Mittelalter als Heilpflanze berühmt, wird die Weinraute heute nur noch als Küchenkraut verwendet.

Beschreibung: Wächst auf trockenen Hängen im östlichen Mittelmeerraum. Wuchs ist buschig, bis 60 cm hoch, Blätter graugrün und 2- bis 3-fach gefiedert. Blüten gelbgrün in Trugdolden.
Kultur: An sonnigem Standort mit durchlässigem Boden, kompakter Wuchs durch Rückschnitt nach der Blüte.
Blütezeit: Juni bis August

kann deshalb das ganze Jahr über geerntet werden.

Beschreibung: Heimat reicht von Nordwestchina bis Sibirien. Bildet röhrenförmige Blätter und walzenförmige Zwiebeln. Blüten grünlichweiß in kugelförmigen Köpfchen.
Kultur: Aussaat Ende März an sonnigem Standort mit nährstoffreichem, durchlässigem Boden.
Blütezeit: Juli bis August
Erntezeit: ganzjährig
Verwendung: Frische Blätter oder ganze Pflanze wie Schnittlauch oder Küchenzwiebel verwenden.
Tipp: Die Etagen- oder Luftzwiebeln können ebenso verwendet werden, schmecken frisch gut.

YSOP

(Hyssopus officinalis)

Bereits in der Antike als Heilpflanze bekannt, gelangte die Art im Mittelalter über die Alpen und wurde häufig in Klostergärten kultiviert.

Beschreibung: Wächst auf Kalkmagerrasen und Heiden Europas, Nordafrikas und Asiens. Halbstrauch mit dichtbuschigem Wuchs, bis 60 cm hoch, Blätter linealisch, Blüten lavendelblau in dichten Scheinähren angeordnet, auch weiß oder rosa.
Kultur: An sonnigem Standort mit gut durchlässigem Boden pflanzen.
Blütezeit: Juli bis August
Erntezeit: Mai bis September

Verwendung: Blätter und junge Triebe frisch oder getrocknet sparsam für Suppen, Eintöpfe, fettes Fleisch, Fisch und Wild verwenden. Blüten hübsch zum Garnieren.

Tipp: Sehr gute Nahrungspflanze für Bienen und Schmetterlinge, außerdem eine attraktive Gartenpflanze. Für Töpfe und Kübel eignet sich der kleiner bleibende Grannen-Ysop; Sorten sind ‚Albus' (weiß) und ‚Roseus' (rosafarben).

ZITRONENGRAS

(Cymbopogon citratus)

In der asiatischen Küche gehört das Zitronengras zu den universellen Würzkräutern und ist fast in jedem Garten zu finden.

Beschreibung: Aufrechter Wuchs bis 70 cm Höhe, Blätter steif, dunkelgrün in dichten Horsten. Blüten grünlich mit rötlichem Schimmer.
Kultur: Im Gefäß, das im Sommer an einem sonnigen Platz steht, reichlich gießen; im Winter hell und warm auf der Fensterbank oder kühl im Treppenhaus oder auf der Veranda kulitivieren, dann nur sparsam gießen.

Blütezeit: Oktober bis Dezember
Erntezeit: ganzjährig
Verwendung: Junge Blätter geschnitten in Salaten, ansonsten verwendet man nur die Blattbasen frisch oder getrocknet, die mitgekocht, aber nicht gegessen werden, für Geflügel, Fisch, Meeresfrüchte und Saucen.
Tipp: Als attraktive Pflanze für Töpfe und schöne Gefäße schmückt das Zitronengras sonnige Plätze auf Balkon und Terrasse.

ZITRONENMELISSE

(Melissa officinalis)

Die Pflanze wurde aus dem östlichen Mittelmeergebiet von den Arabern nach Spanien gebracht. Durch die Benediktinermönche kam die Pflanze nach Mitteleuropa, wo sie in Klostergärten angebaut wurde. Von hier stammt auch der beliebte Melissengeist.

Beschreibung: Heimat vom östlichen Mittelmeergebiet bis Kleinasien. Wächst dicht buschig, bis 1 m hoch, Blätter eiförmig, gezähnt mit intensivem Zitronenduft.

Kultur: Im Frühjahr oder Sommer an sonnigem Standort mit humusreichem Boden pflanzen.
Blütezeit: Juli bis August
Erntezeit: April bis Oktober
Verwendung: Blätter und Triebspitzen vor der Blüte ernten, für Saucen, Salate, Fischgerichte und Desserts verwenden.
Tipp: Die Zitronenmelisse eignet sich sehr gut für die Kultur in großen Gefäßen und ist auch eine wertvolle Bienenweidepflanze. Darauf deutet der Name „Melissa" hin, der im Griechischen „Biene" bedeutet.

Pflanzenverzeichnis